防灾应急避险科普系列

U0157670

地震避险手册

《地震避险手册》编写组　编

中国城市出版社

图书在版编目（CIP）数据

地震避险手册 /《地震避险手册》编写组编 . —北京：中国城市出版社，2023.4
（防灾应急避险科普系列）
ISBN 978-7-5074-3599-3

Ⅰ.①地… Ⅱ.①地… Ⅲ.①地震灾害－灾害防治－ Ⅳ.①P315.9-62

中国国家版本馆 CIP 数据核字（2023）第 068271 号

责任编辑：刘瑞霞　　毕凤鸣
责任校对：党　蕾

防灾应急避险科普系列
地震避险手册
《地震避险手册》编写组　编

＊

中国城市出版社出版、发行（北京海淀三里河路 9 号）
各地新华书店、建筑书店经销
华之逸品书装设计制版
天津图文方嘉印刷有限公司印刷

＊

开本：880 毫米×1230 毫米　1/32　印张：2　字数：42 千字
2023 年 4 月第一版　　2023 年 4 月第一次印刷
定价：**25.00 元**
ISBN　978-7-5074-3599-3
（904623）

序

Preface

　　我国是世界上自然灾害最为严重的国家之一，灾害种类多，分布地域广，发生频率高，造成损失重，这是一个基本国情。特别是随着全球极端气候变化和我国城镇化进程加快，自然灾害风险加大，灾害损失加剧。我国发展进入战略机遇和风险挑战并存、不确定和难预料因素增多的时期，各种"黑天鹅""灰犀牛"事件随时可能发生。可以说，未来将处于复杂严峻的自然灾害频发、超大城市群崛起和社会经济快速发展共存的局面。同时，各类事故隐患和安全风险交织叠加、易发多发，影响公共安全的因素日益增多。

　　"人民至上、生命至上"是习近平新时代中国特色社会主义思想的重要内涵，也是做好防灾减灾工作的根本出发点。我们必须以习近平新时代中国特色社会主义思想为指导，坚定不移地贯彻总体国家安全观，健全国家安全体系，提高公共安全治理水平，坚持安全第一、预防为主，建立大安全大应急框架，完善公共安全体系，推动公共安全治理模式向事前预防转型。

　　要防范灾害风险，护航高质量发展，以新安全格局保障新发展格局，牢固树立风险意识和底线思维，增强全民灾害风险防范意识和素养。教育引导公众树立"以防为主"的理念，学习防灾减灾知识，提升防灾减灾意识和应急避险、自救互救技能，做到主动防灾、科学避灾、充分备灾、有效减灾，用知识守护我们的生命，筑牢防灾减灾救灾的人民防线。这不仅是建立健全我国应急管理体系的需要，也是对自己和家人生命安全负责的一种具体体现。

综上所述，我们在参考相关政策性文件、科研机构、领域专家和政府部门已发布的宣教材料的基础上，借鉴各地应急管理工作实践智慧和国际经验，充分考虑不同读者的特点，分别针对社区、家庭、学校等读者对象应对地震灾害、地质灾害、气象灾害、火灾等，各有侧重编写了相关的防灾减灾、应急避险、自救互救知识。可以说，本次推出的"防灾应急避险科普系列"（6册）之《社区应急指导手册》《家庭应急避险手册》《校园应急避险手册》《地震避险手册》《洪涝避险手册》《火灾避险手册》是为不同年龄、不同职业、不同地域的读者量身打造的防灾减灾科普读物，具有很强的科学性、针对性和实用性，旨在引导公众树立防范灾害风险的意识，了解灾害的基本状况、特点和一般规律，掌握科学的防灾避险及自救互救常识和基本方法，提高应对灾害的能力，筑牢高质量发展和安全发展的基础。

2023 年 4 月

前　言
Foreword

　　在生活的环境中，我们要面对许多自然灾害，而地震以突发性强、破坏性大、波及范围广、灾情复杂，居于"群灾之首"。因此，学习和掌握地震避险知识应成为我们每个人的必修课，也是对自己和家人生命安全负责的一种具体体现。

　　一次又一次大地震给我们一个重要启示，公众的防震减灾意识淡薄，防震避险知识缺乏，应对地震灾害风险准备不足，不知道防什么、怎么防就是重大的风险。在汶川8.0级特大地震中，很多人都有逃生的机会，却被眼前的场景惊呆了，没有采取任何避震措施，错过了最佳的逃生时机，在倒塌的房屋中失去了宝贵的生命。但是，如果我们具备防震减灾意识，不仅能有效保护自己的生命，还可以积极投入互救行动中，使更多的人获得生存。汶川特大地震后，从废墟中生还的8.4万人中有7万多人是靠自救互救而获救的，可见学习掌握防震避险知识是多么重要。

　　安全是相对的，不安全是绝对的。地震安全与地震灾害风险长期共存。由于地震灾害风险存在客观性和不可避免性，学会与地震灾害风险共处，与自然和谐共生，就需要我们树立"以防为主"的理念，学习防震减灾知识，提高防震避险和自救互救能力，用知识守护我们的生命。综上所述，在参考大量资料、总结一些地震避险成功案例的基础上，我们编写了这本《地震避险手册》。力求通过通俗易懂的内容和图文并茂的形式，讲述地震避险、自救互救的知识，应对地震次生灾害的方法，引导公众树立防范地震灾害风险的意识，提高科学应对地震灾害的能力，能在灾难来临时正确应对，从而降低地震对我们可能造成的伤害。

本书由董青、管志光、张婷婷、张宏编写，红果绘图，中国地震局原副局长何永年研究员、中国地震局原副局长修济刚研究员给予了指导和帮助，在此表示衷心的感谢！

由于编者水平有限，书中难免存在疏漏和不足，敬请专家和读者批评指正。

编者
2023 年 4 月

目　录
Contents

七　应对地震次生灾害

八　震后紧急疏散

做好防震避险准备

- 学习防震减灾知识
- 积极参加地震应急演练
- 了解地震应急避难场所

"有备无患，防患于未然""人无远虑，必有近忧"等，体现了中国优秀的预防文化理念。在目前地震预报还没过关的情况下，面对多震灾的国情，我们必须加强防震避险知识的学习，掌握防震避险和自救互救的技能，积极参加地震应急演练，从思想、行动上做好防震避险准备。

 学习防震减灾知识

2008年汶川8.0级特大地震后，我国将每年的5月12日确定为全国"防灾减灾日"，5月12日所在的周为"防灾减灾宣传周"。各级减灾委、应急管理、地震等部门，通过制作防震

减灾科普挂图、播放防震减灾知识影片、利用群众集会适时发放防震减灾材料、开展防震减灾知识竞赛、进行紧急避险与疏散演练等方式，广泛开展防震减灾宣传教育，向公众介绍抗震设防、应急避险、自救互救等方面的知识。我们要抓住这个机会，积极参加各种宣传活动，主动向宣传人员领取宣传材料，进行防震减灾咨询，用知识守护我们的生命。

（二）积极参加地震应急演练

假定一定震级大小的地震发生，地震应急指挥人员、救援人员等以及党政机关、企事业单位、城镇居民按照预案设定的地震发生时的情况，对地震应急指挥、救援、避险等紧急处置进行综合演练，就是地震应急演练。其目的是通过演练提高指挥人员的组织指挥能力、应急救援队伍的救援能力以及居民的应急避险能力，检验应急预案、应急体系的合理性、有效性。这是近似于实战的综合性训练，也是地震应急培训的高级阶段。在地震演练中，人们通过亲身体验，收获快，印象深刻，获得的知识和技能保持长久，是广大公众获得防震避险知识、提高社会应急能力的好办法。我们要以严肃的态度去对待，积极参加演练，在地震真的来临时能更快、更安全地撤离到安全地带，最大限度地保护自己的生命。

（三）了解地震应急避难场所

地震应急避难场所是指为应对地震等突发事件，经规划、建设，具有应急避难生活服务设施，可供居民紧急疏散、临时生活的安全场所。

应急避难场所一般建在城市的公园、绿地、广场、大型体育场、学校操场等。为了让人们了解应急避难场

所的位置，便于识别和寻找，《地震应急避难场所场址及配套设施》GB 21734—2008规定，在应急避难场所出入口、周边主干道、路口都应该设置明显的指示标志。同时有关部门应按照《道路交通标志和标线》GB 5768—2022的规定，制作应急避难场所的路线指示标识，并安放在醒目的位置。我们平时要留意周围的应急避难场所的位置，熟悉安全通道标志，在破坏性地震等灾害发生后，能够选择最优路线在最短的时间内赶到应急避难场所避难和寻求帮助。

应急避难场所内的各类设施都有明确的标识，形象地标示了设施的位置和功能。我们进入应急避难场所后，可充分利用这些标识，让避难时的生活更加便利，最大限度地发挥避难场所的应急避难作用。

掌握防震避险原则

- ♀ 因地制宜，灵活机动
- ♀ 行动果断，绝处逢生
- ♀ 听从指挥，有序行动
- ♀ 跑得及时，躲得科学

地震来临时，由于各种建筑物的结构和新旧程度各不相同，每个人的具体情况也不一样，震时避险的方法也因此不能一概而论。我们要记住一些基本原则，灵活运用。

 （一）因地制宜，灵活机动

我国是地震灾害严重的国家，人们在历次地震血的教训中，总结出一些有效的地震避险方法。唐山大地震后总结出"震时就近躲避，震后迅速疏散"的方法，汶川特大地震后总结出"能跑则跑，不能跑则躲"的方法，针对一些强有感地震总结出"不能跳楼，不能盲目外逃"的方法。这些方法都具有科学性，但是大地震发生时情况很复杂，究竟采取哪种方法，还是要根据各自的实际情况，因地制宜，迅速做出抉择。

 （二）行动果断，绝处逢生

地震突发性强，从主震发生到结束一般也就几秒到十几秒，躲避能否成功，就在千钧一发之间，容不得瞻前顾后，犹豫不决。地震到来后，首先感到的是上下颠簸（纵波到来的表现），接着是左右摇晃（横波到来的表现，它跑得慢）。在纵波到来之后、横波到来之前，还有一定的预警时间，这是紧急避险逃生的最后机会。时间就是生命，可利用这段时

间果断行动，迅速跑到跨度小的空间或相对安全的地方躲避。科学避震，才能化险为夷。

 （三）听从指挥，有序行动

在公共场所时，要听从指挥，镇静避险，避免拥挤、踩踏造成伤亡，不要擅自行动。1994年9月16日，我国台湾海峡南部发生7.3级大地震，福建、广东沿海地区受到一

定程度的破坏。在这次地震中，有700多人因震时慌乱出逃拥挤而受伤，但在离震中较近的福建漳州市的一些学校，学生们因为听从老师的指挥，沉着避震而安然无恙。

（四）跑得及时，躲得科学

地震发生了，究竟是躲还是跑？国内外专家学者各持己见。地震时，每个人所处的环境、状况不同，应急避震方法也不可照搬。一般来说，能跑则跑、不能跑则躲，要跑得及时、躲得科学。汶川特大地震时，震中附近的一些学校，采取快速外跑的措施，使得一、二楼的师生成功脱险，三楼的个别跑出，四楼没跑出来，但靠近顶层的被埋压人员容易得到营救，有人总结出"一、二楼往外跑，三楼以上向顶层跑"的方法。这种方法适用于抗震能力弱的房屋，跑得及时成功避险。对于抗震能力较强的建筑物，宜采取就近躲避的方法，如躲到具备支撑能力的物体旁的做法，具体位置包括承重墙脚、构造柱与承重墙形成的角落等安全三角区，或者承重墙边的卫生间、结实的床侧面等。无论是"跑"还是"躲"，一定要瞬间做出决定，千万不要犹豫，以免丧失了避震的最佳时机。

记住防震避险的姿势

- 伏而待定，不可疾出
- 蜷曲身体，降低重心
- 伏地抓牢，遮挡头部

细节决定成败。这句话同样适用于防震避险，因为我们仅仅掌握了防震避险的原则还不够，还要注意避险的姿势。多次地震灾害表明，即使房屋不倒，如果躲避的姿势不当，往往会被室内的坠落物砸伤，严重的甚至失去生命。因此，我们必须加强防震避险姿势训练，使肢体动作成为生命的保护伞。

 伏而待定，不可疾出

经历了1556年陕西华县8级特大地震的明朝进士秦可大在《地震记》中记录了避震时"率然闻变，不可疾出，伏而待定，纵有覆巢，可冀完卵"的经验。意思是说地震发生时，在室内不要盲目外逃，找一个能保护自己的地方趴下，即使房屋

倒塌了，人的生命也能得到保护。其中"伏而待定"为避震时采取的姿势。具体来说，当在室内感到地震时，要迅速趴在床旁边，脸朝下，两只胳膊在胸前相交，右手正握左臂，左手反握右臂，鼻梁上方两眼之间的凹部枕在臂上，闭上眼、嘴，用鼻子呼吸，既可避免砸伤，又不会窒息。

（二）蜷曲身体，降低重心

随着现代化建设的快速发展，高层建筑越来越多，想从高层跑出来越来越困难，采取正确的防震避险措施十分重要。据对唐山大地震中874名幸存者调查，其中有258人采取了应急避险措施，188人安全脱险，成功者约占采取避险措施的72%。他们的肢体动作是，当感到房屋晃动时，迅速蹲下或坐下，尽量蜷曲身体，降低重心，低头，用手或者物品保护头部颈部，闭上眼，以防伤害。在可能的情况下，用湿毛巾捂住口、鼻，以防止灰尘和毒气。这样做的好

处是，预防在房屋晃动时因站立不稳而摔倒造成伤害，最大限度地减少身体在空间的暴露，防止屋顶坠落物对头部、颈部造成伤害，是有效的防震避险姿势。

（三）伏地抓牢，遮挡头部

"伏地、遮挡、抓牢"，是目前国际上倡导的防震避险姿势和做法。美国红十字会灾难教育部前总管罗伯茨，根据对加州地震生还者所做的综合统计表明，地震最危险的伤害因素并非轰然塌下的屋顶，而是四处乱飞的家具和碎玻璃。"伏地、遮挡、手抓牢"这个口诀教导大家，在地震来临时要赶紧钻到桌子下边或用靠垫捂住最脆弱的头部，手牢牢抓住桌子腿并做好桌子大幅度移动的准备。因为在地震中，人们移动的距离越远、时间越长，在途中受到各种杂物袭击的危险性越大。

家庭防震避险

- 修建和购买地震安全房屋
- 排除室内地震安全隐患
- 储备必要的地震应急物品
- 开展家庭防震演练

四

重视家庭安全是提高生活安全保障的重要内容。多次震例表明，城镇客观存在着地震灾害高风险，农村民居存在不设防的情况。因此，我们必须把居家防震避险放在重要的位置，居安思危，提高防震减灾意识，努力防范地震灾害风险，做好家庭防震准备，共筑地震安全家园。

（一）修建和购买地震安全房屋

伴随着国家经济社会的快速发展，越来越多的人开始追求居住品质的提高。周边环境以及房屋的抗震安全越来越受到大家的重视，如建设场地的地质条件，房子的抗震设防标准及质量，是否避开了地震活断层（是指曾发生和可能再发生地震的活动断层）等。这种观念的变化，是对家庭成员生命的尊重与关怀，是生命第一价值观的最好体现。

（1）避开危害房屋的不利地段

在购买房屋时，除了考虑价格、环境、户型等因素外，还要注意地震活断层的分布，避开危害房屋的不利地段。如地下水较浅的饱和松砂场地、松软的淤泥质土地、古河道和旧池塘及湖泊的冲填土或杂填土地。如果在这些土地上建造房屋，在强震的作用下，地面震动剧烈，可能会产生错动、变形、沉陷、开裂或砂土液化现象，使地基失效，造成灾害。可通过查询城市规划，向地震局等有关部门咨询，了解楼盘场地的有关信息。

（2）了解建筑物的抗震设防要求

强制性国家标准《中国地震动参数区划图》GB 18306—2015已经给出乡镇、街道办事处所在地的抗震设防参数，楼盘开发商应根据地震动参数区划图给出的抗震设防要求进行设计和施工。城镇居民在购房时，可通过查看开发商出具的建筑物抗震设计说明，了解该楼盘是否达到了当地的抗震设防要求。如果开发商提供的建筑抗震设防、监理和验收资料翔实，

可作为购买此楼盘的首选条件。当然，楼盘的抗震性能不仅要有可靠的抗震设防要求、优良的抗震设计，更要有良好的抗震施工，这样的房屋才

能真正使我们住得安心、放心。

（3）建设抗震安全农居

农民朋友有了钱，第一件事情就是盖房子。但是在农居建造过程中，还存在着"宁肯花棺材钱，也不愿花预防钱"的错误观念，建房基本处于不设防状态，往往造成"小震大灾"的局面。我们要树立居安思危的意识，按照《中国地震动参数区划图》GB 18306—2015给出的抗震设防标准进行设计，合理选择场地，避开不利地段；结构要简单、布局要合理；建筑物的各部分，包括砖混结构房屋的上下圈梁、承重框架结构，土木结构房屋的屋架与檩条、屋架与立柱、屋架与墙体等之间要连接牢固；要正确选择使用建筑材料，明确施工和验收要求，加强工程质量监管，确保达到抗震设防要求。

（4）对现有房屋进行抗震加固

经过抗震加固的现有房屋在近些年发生的大地震中，有的已经经受住了考验，证明抗震加固与不加固大不一样。首先，要对现有的房屋进行抗震性能鉴定，评价抗震能力如何，指出在地震时会出现哪些损伤或倒塌现象。然后，根据鉴定结果，采用新的抗震技术、方法和工艺对已建成的房屋进行抗震加固。通过加固提高房屋结构的整体性，增强结构耗能能力，以达到相应的抗震设防要求，避免出现抗震不利的因素，使房屋遭受相当于抗震设防烈度等级的地震时不被破坏，免遭人员伤亡和财产损失。

根据不同房屋结构进行检查加固，对于老旧建筑，要适时进行抗震性能鉴定和加固，确保其抗震性能。

 （二）排除室内地震安全隐患

　　家庭是我们生活温馨的港湾，室内的地震安全关系到每个家庭成员的生命安全。我们在追求室内美观、舒适的同时，还要做好家庭的日常防震避险准备，排除室内地震安全隐患，这样家庭就多了一份地震安全保障，成为一个有备无患的家庭，使家庭成员安居乐业。

（1）室内避震场所和通道要畅通

要定期对室内安全情况进行检查，排除室内安全隐患。将写字台、床等坚固的家具下面腾空；有条件的可按防震要求布置一间

要了解最近的避难场所和应急疏散路线，不要在通道上堆放杂物。

安全通道

抗震房。要保持室内外通道的畅通；家具不要摆放太满；房门口、门外走廊上不要堆放杂物。

（2）物品摆放要有利于避震

家具物品的摆放要合理，防止掉落或倾倒伤人、堵塞通道；家具摆放要有利于形成三角空间以便震时藏身避险；处置好易燃、

易爆物品，防止火灾等次生灾害的发生。

（3）固定好家具物品

平时要把悬挂的
物品拿下来或设法固定
住，防止震时倾倒或坠
落；高大家具要固定，
顶上不要放重物；组
合家具要连接起来或固
定在墙上、地上，防止

花盆等重物不要
放在高处，免得掉
下来砸伤我们。

震时倾倒或坠落；橱柜内重的东西放下边，轻的东西放上边；
储放易碎品的橱柜最好加门、加插销；尽量不使用带轮子的
家具，以防震时滑移。

（4）卧室防震措施

地震有可能发生
在我们睡觉的时候。睡
觉时对地震的警觉性最
差，从卧室撤往室外的
路线较长，因此按照防
震要求布置卧室至关重
要。床的位置要避开外

相互之间
距离远一些。

床头不要放镜
子和玻璃制品。

镜子　玻璃茶壶

墙、窗口、房梁，要摆放在坚固、承重的内墙边；床上方不

要悬挂吊灯、镜框等重物；床要牢固，最好不使用带有轮子的床；床下不要堆放杂物；最好给床安一个抗震架。

（5）处理好不安全物品

经常检查家中是否存放有易燃品，如煤油、汽油、酒精、油漆、稀料等；易爆品，如煤气罐、氧气包等；易腐蚀的化学制剂，如硫酸、盐酸等；有毒物品，如杀虫剂、农药等。把用不着的物品尽早清理掉或存放好，防止地震发生时容器破坏，物品溢出，引起火灾等次生灾害。

储备必要的地震应急物品

大地震发生后，我们生存和生活的环境受到严重影响，特别是在救援队伍和物资到达之前，家庭储备必要的地震应急物品，是为了应对家庭人员被困后的逃生、救护以及特殊环境下急迫的生活需求，有

利于为我们实现避险行动提供基本保障，创造生命的奇迹。

（1）逃生用具

手套和专用逃生绳。手套选用涂胶的棉纱或者薄帆布优质手套，用于逃生或者自救互救时使用；逃生绳用于在出逃通道受阻时从高处脱困，也用于应急时的捆绑、固定或者牵拉。小钳子、螺丝刀、小刀、钉锤等小工具，用于自救互救时各种应急处置。应急灯、手电筒、发光棒、呼叫信号器、专用求生口哨，用于照明、发出求救信号，帮助救援人员搜索定位。因为地震时电力往往中断，当震后夜晚转移时，手电筒就会起到很大的作用。便携式收音机，在和外界通信受阻时，可以及时收听到关于灾情和救援的情况，以稳定心情。

（2）应急食品、药品

选择的饮用水最好是瓶装矿泉水；食品是能直接食用、易保存、高营养的，以体积小、能量高、质量轻、易保存为原则，准备1～2天的食品，如压缩饼干、干果、罐头、巧克力等；药品主要包括消炎药、止泻药、感冒药、镇痛药等常用药，个人必需的日常用药，比如降压药等，以及绷带、消毒纱布、创可贴、医用胶带、碘酒等，要经常更换其中的过期物品。

（3）防护用品

压缩毛巾、防尘口罩、急救毯、雨披、塑料布、塑料袋

等。急救毯宜选用优质材料加涂层的多用途救生保温毯，用于御寒以及防风、防雨；塑料布宜厚而结实，用于防潮、防水；塑料袋宜结实并且不渗漏，用于处理排泄物。

（4）家庭成员信息卡

包括家庭成员的名字、家庭地址、家庭其他成员、联系电话、年龄、血型、既往病史等信息，以便于寻找家人和施救。这对于老人和儿童尤为重要。明确家庭紧急联络人，最好选择两个，一个在本地，一个在外地，因为本地可能因地震造成通信中断，无法进行联系，有外地联络人可在失联时有效地寻求帮助。

（四）开展家庭防震演练

地震往往突如其来，很多事都要在极短的时间内或比较困难的环境下完成，如紧急避险、撤离、疏散、联络等，所以必要的家庭防震演练很重要。通过演练，不仅能够帮助我们巩固所学习和掌握的防震避险知识，检验我们的应急准备和应急处置能力，更重要的是促使我们将一些防震避险措施转变为自然反应行动。因为大地震时，强烈的恐惧感往往使我们的大脑处于一片空白。

（1）家庭防震演练的主要内容

假设地震突然发生时全家人在干什么，在家里怎样避震，根据每人平时正常的生活环境，确定避震位置和方式；熟悉水电气的关闭操作、家庭地震应急物品存放处；明确家庭成员疏散时的任务分工、疏散的路线和集合地点等；了解驻地附近避难场所、

绿地公园、高楼分布、立交桥通行情况；重要物品和文件的保存措施等。这些内容经过反复演练后，将成为每一个家庭成员的永久记忆和自觉行动。

（2）制订家庭地震应急预案

家庭地震应急预案是为了家庭成员实施应急避险所做的预先计划。制订家庭地震应急预案，划分室内的避震空间。知道室内的哪些

地方是相对安全的区域，哪些是危险的区域；根据室内结构空间的位置和大小，分配家庭成员的避震地点；明确疏散的路线和集合地点。集合地点最好选两处，第一处作为首选地点，第二处作为备选地点，当第一处因各种情况不能到达时，就去第二处。确定专人负责家庭重要资料的保管和提取，如身份证、银行卡、保险单、财务记录等，预防震后生活需要。

（3）开展家庭地震应急演练

模拟地震发生后，家庭成员按预案迅速行动。注意行动要有组织、有步骤地进行，对于需要照顾的老人和孩子，家庭其他成员应分别帮助，尽快到达安全的避震地点；分配专人检查煤气阀门是否关闭、逃生通道是否打开等。到达避震地点后，要注意自己及家人的避震姿势是否正确。演练完成后，要及时总结经验教训，不断完善家庭应急预案。

不同场所的避震方法

- 在室内和室外
- 在公共场所
- 在学校和医院
- 在交通工具上

五

破坏性地震过程十分短暂，强烈震动时间一般只有十几秒到一两分钟。这个时候，人们所处的环境、状况千差万别，应急避险方法也应有所区别，最重要的是沉着冷静，迅速判断自己所处的环境，做出正确的应对。

（一）在室内和室外

如果发生地震时在室内，关键是要保持头脑的冷静，切不可盲目外逃，更不可跳楼。要立即就近躲避到床、桌子等坚固的家具下边或旁边，也可以选择卫生间、储藏室等开间小的地方躲避，还可以躲在暖气、坚固的家具旁边等易于形成三角空间的地方，用双臂或靠垫等物品保护好头部。正在用火、用

电时，要立即灭火和断电，防止烫伤、触电和发生火灾。立刻将门打开，以免因震后房门变形卡死而被困室内。

如果发生地震时在室外，要用随身的物品保护好头部，没有物品时用双手护住头部，避开人流，选择开阔地带蹲下。避开高大的建筑物和危险的地方，特别是有玻璃幕墙的楼房、过街天桥、立交桥、地下通道等；避开危险悬挂物，如变压器、电线杆、路灯、广告牌等；避开其他危险场所，如狭窄的街道、危险品仓库、储油储气设施等。不要返回室

内，避免余震伤害。房屋能不能继续居住，要等相关部门进行鉴定后再给出意见。

(二) 在公共场所

　　在商场、饭店、图书馆、影剧院等地方遇到地震时，除了门口的人可迅速跑出去外，其他人宜就近躲避。要选择在结实的柜台、商品、柱子旁边，内承重墙（是指支撑着上部楼层重量的墙体）的墙根、墙角等处就地蹲下，用身边物品或双手保护好头部；蹲或趴在排椅下（旁边）；不要站在高大不稳或摆放易碎品的货架下；不要站在玻璃门窗旁；尽量避开电扇、吊灯等悬挂物；不要一起涌向楼梯、出口，避免拥挤、踩踏伤亡。等地震过后，要听从工作人员指挥，有组织地撤离。

 (三) 在学校和医院

　　如果学校建筑物是新建建筑物，或者学校建筑物是旧有建筑物，但经抗震鉴定合格的，按就近躲避法避险。在教室或图书馆，要就近躲避在书桌旁边或下面，采取蹲下姿势，用双臂或书包等物品保护好头部，远离窗户。在礼堂、食堂、体育馆内，躲避在内承重墙的墙根、墙角，稳固的桌椅、排椅、运动器材旁边或下面。在宿舍，躲在小开间内，内承重墙的墙根、墙角以及床等家具下边（旁边）。
如果建筑物没有经过抗震性能鉴定，
则按外跑与就近躲避结合法进行避
险。疏散一定要听从老师的指挥，按
照学校的应急疏散预案进行，切不可
慌乱，造成拥挤或踩踏。

医院是人员密集的特殊场所，
地震时防震避险尤为重要。在岗工作
人员要沉着冷静地引导就诊和住院的
病人采取紧急避险措施。在门诊、治
疗室和检查室，工作人员要引导靠近
建筑出口的就诊人员迅速撤离到室
外，来不及跑出时，就近躲避在立柱
旁边或承重墙的墙根、墙角、排椅旁
边。在住院病房，医护人员要引导轻
症病人自行就近躲避，并将重症病人
抬放到病床旁边。如果在手术过程中
遇到地震，要立即停止手术，将切口

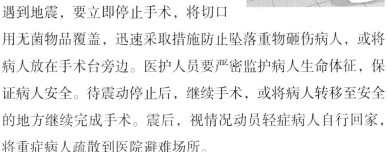

用无菌物品覆盖，迅速采取措施防止坠落重物砸伤病人，或将
病人放在手术台旁边。医护人员要严密监护病人生命体征，保
证病人安全。待震动停止后，继续手术，或将病人转移至安全
的地方继续完成手术。震后，视情况动员轻症病人自行回家，
将重症病人疏散到医院避难场所。

（四）在交通工具上

随着经济快速发展和人们生活水平的提高，乘坐交通工具给我们日常生活带来了许多便利。如果在驾驶车辆时遇到地震，不要紧急刹车，注意前后左右发生的情况，降低车速，选择空旷的地方靠边停放，打开双闪。如果行驶在高速公路或高架桥上，应小心迅速离开。如果在山间公路上行驶，要迅速离开悬崖、陡坡、桥梁和涵洞，在相对空旷的地方停下，不要躲在车内。在停车场，特别是地下停车场，如果来不及撤离，要下车躲在车的旁边或两辆车中间的空隙处，注意保护好头

部。如果在行驶的公交车、地铁内，要牢牢抓住吊环、竖杆和把手，以免摔倒或碰伤；在座位上的人，要将胳膊靠在前座的椅背上，护住面部，

也可降低重心，躲在座位旁边。如果在高铁（火车）上，要用手抓住桌子、卧铺床、扶杆等，注意防止从行李架上掉下物品伤人。等地震过后，听从乘务员的指挥，有序下车，到安全的地方避震。

黄金救援的要领

- 设法进行自救
- 积极开展互救
- 伤员的应急处置

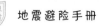

震后救人，时间就是生命。抢救的时间越早，伤员生存的希望就越大，特别是震后的前三天，对减少人员伤亡尤为重要，国际上通常将72小时称为黄金救援时间。因此，在实施自救成功之后，要积极投入互救行动中，让更多的人获得宝贵的生命。

 （一）设法进行自救

如果地震时被埋压在废墟下，信心是力量的源泉。坚定生存的信心，是自救过程中创造奇迹的强大动力。要尽快稳定自己的情绪，沉着冷静，千方百计保护好自己，积极实施自救。

（1）通风最主要

氧气是生命之源，人类生存离不开氧气。如果不幸被埋压在废墟中，在没有氧气的情况下，我们的生命能够坚持的时间只有5～7分钟。要想使自己能够存活超过72小时，就必须使所处的空间保持通风，确保呼吸畅通，这是自救的第一步，否则即使没有被砸伤，也容易因窒息而死亡。因此，在废墟中要通过观察、体验凉风等方式，首先找到可使空气进入的缝隙。在确保空间安全的前提下，采取抠、挖等行动，尽量使缝隙扩大，让空气源源不断地进入，然后开展自救或等待救援。

（2）扩大生存空间

要弄清楚自己所处的
环境，可以尝试着把手和
脚从压埋物中抽出来，搬
开身边可以搬动的碎砖瓦
等杂物，扩大活动空间。
如果身边的杂物被其他重
物压住而无法挪开，千万
别勉强挪移，以防进一步

倒塌；要用湿毛巾、衣物等捂住口、鼻，避免灰尘呛闷导致
窒息及有害气体中毒等意外事故发生；要仔细观察周围有没
有通道或者亮光，分析判断自己所处的位置，从哪个方向可以
开辟通道逃离出去。

（3）尽量保持体力

如果震后暂时不能脱
险，应尽量减少活动量，
保存体力。不要大声哭
喊、勉强行动，尽可能控
制自己的情绪。要坚信生
命的力量，因为多坚持一
会儿，就有可能多一分生

存机会。要尽量寻找食物和水，如果一时没有饮用水，可用尿液解渴，因为尿液的成分中90%以上是水分，而蛋白质、氨基酸、尿激酶等物质含量极低，可以给身体补充水分和盐。如果受伤，要尽快想办法止血，避免流血过多。

（4）有效发出求救信号

如果被埋压而又无法自行脱险时，要克服恐惧心理，充分发挥自己的聪明才智，设法与外界联系。仔细听听周围有没有人来回走动，当听到有声音时，要尽量用砖、铁管等物品敲击墙壁或管道（如有口哨可以吹哨子），以发出求救信号。如果与外界联系不上，另寻找其他方法脱险。从救助的过程看，埋压较深的人呼喊不起作用，用敲击的方法，声音可以传到外面，这也是压埋人员示意位置的一种有效方法。

（二）积极开展互救

互救是指震后灾区幸免于难的人员对亲人、邻居以及其他被埋压人员的救助，是在救援队伍到达之前减少人员伤亡的最有效方法。互救的基本原则是时间要快、目标准确、方法得当。不仅需要热情，更要讲究科学，使更多人获得宝贵的生命。

（1）先救命、后救人

救人要救那些离你最近、最容易救出的幸存者。在营救过程中，要遵循科学的挖掘方法，保护被埋压人员的安全。当接近被埋压人员时，不可再用利器刨挖，以免伤及被埋压人员；要注意观察，对支撑物要注意保护，对阻挡物要进行清理，以免造成新的伤亡；可先将被埋压者头部暴露出来，清除其口、鼻内的尘土，保证其呼吸畅通，再使

其胸腹和身体其他部分露出，然后再进行施救。

（2）先找人、后救人

很多情况下，我们没有专业仪器和搜救犬的帮助，只能依靠一些简单的方法寻找被困人员，有人总结出"问""听""看""探""喊""分析"的有效方法。"问"就是向知情的生存者询问；"听"就是要细心倾听有无被困人员的动静；"看"就是仔细观察；"探"就是进入废墟实地探察；"喊"就是大声呼唤；"分析"就是分析被埋压人员可能的位置。通过这六种方法确定了伤员位置后，再根据情况采取适当的救援方法实施救援。

（3）先保体力、后施救人

如果挖掘过程中灰尘太大时，可喷水除尘，以免被救者和施救者窒息；如果发现被埋压人员一时无法救出，可先将水、食品和药物等输送给被埋压者，以

保持体力，增强其生命力；可通过聊天等方式，缓解被埋压者的心理压力，使其坚定生存信心，等待专业人员救援。

 ## （三）伤员的应急处置

生命的"黄金时间"是：人的呼吸心跳停止30秒后将陷入昏迷，6分钟后脑细胞伤亡。通过积极的互救行动使受困人员救出后，很多人由于在建筑物倒塌时受伤较重，或是由于长时间掩埋在废墟下，救出的时候身体状况极差，这时运用自己的智慧和技术对伤员进行必要的急救护理，是生命得以延续的希望所在。

（1）心肺复苏

打开气道，进行口对口人工呼吸。操作前必须先清除病人呼吸道内异物、分泌物或呕吐物，使其仰卧在质地硬的平面上，将其头后仰。抢救者一只手使病人下颌向后上方抬起；另一只手捏紧其鼻孔，深吸一口气，缓慢向病人口中吹入。吹气后，口唇离开，松开捏鼻子的手，使气体呼出。观察伤者的胸部有无起伏，如果吹气时胸部抬起，说明气道畅通，口对口吹气的操作是正确的。

施行胸外心脏按压。让病人仰卧在硬板床或地上，头低足略高，抢救者站立或跪在病人右侧，左手掌根放在病人胸骨的 1/2 处，右手掌压在左手背上，指指交叉，肘关节伸直，手臂与病人胸骨垂直，有节奏地按

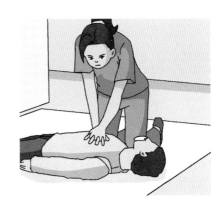

压。按压深度成人为 4～5 厘米，每分钟100 次左右。每次按压保证胸廓弹性复位，按下的时间与松开的时间基本相同。

人工呼吸和胸外心脏按压要按照 2∶30 的比例进行，即每进行 2 次人工呼吸，接着进行 30 次心脏按压，中断时间不应超过 10 秒。

(2) 迅速止血

创伤出血，根据受伤部位和损伤血管不同分为：动脉出血、静脉出血和毛细血管出血。正确判断出血种类是进行有效止血的第一步。

确定出血的部位，可采用一问、二触、三看的方法，即询问伤员出血部位；触摸出血部位有无脉搏动；观察伤病员有无出血性休克的症状。判断出血程度应观察伤病员的全身

状况，出血多者有以下特征：皮肤黏膜呈苍白色，脉搏细速，四肢发凉，皮肤湿润，口渴，烦躁不安，严重者可出现昏迷等出血性休克的症状。

现场止血的方法常用的有四种，即指压止血法、包扎止血法、加垫屈肢止血法和止血带止血法。使

用时根据创伤情况，可以使用一种，也可以将几种止血方法结合一起使用，以达到快速、有效、安全止血的目的。

（3）骨折伤员救护

大地震造成大量人员伤亡，受伤者中以骨折病人为多。现场救护正确与否，不仅关系到治疗效果，而且还关系到病人的生命安危。

对骨折或疑为骨折的伤员不应轻易搬动。原则上就地取材，就地固定。可用木板、竹片、粗硬树枝等作为外固定物。上肢骨折固定材料要超过肩、肘、腕部，下肢要超过髋、膝、

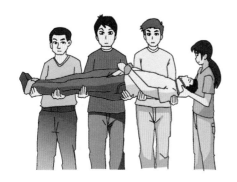

踝关节。如果身旁确实没有什么可以利用的外固定物，也可以利用自身肢体来固定。对于上肢，将伤肢伸直置于身体一侧，用三条布带将伤肢连同躯干绑在一起。对于下肢，将两腿伸直，两腿之间空隙用衣物填塞起来，再用几条布将两腿绑在一起，这样能达到临时固定、减轻疼痛、避免再损伤的目的。搬运脊柱损伤的伤员时一定要特别小心，必须让伤员的脊柱保持平直，不然容易造成瘫痪。

应对地震次生灾害

- 应对火灾、水灾
- 应对崩塌、滑坡、泥石流
- 应对有毒有害气体、核泄漏
- 应对瘟疫、传染病
- 应对海啸

由地震造成房屋、工程结构破坏而进一步引起的灾害称为次生灾害，人员伤亡和财产损失90%以上是由次生灾害造成的。应对次生灾害，最重要的是了解自己所处的地震次生灾害发生的风险，学会应对次生灾害的方法，做好应对次生灾害的准备。要沉着冷静，果断行动，从而有效地保护自己免遭次生灾害的伤害。

 ## 应对火灾、水灾

一旦震后发生火灾，千万不要乱跑，更不要到拥挤的地方去；用湿毛巾捂住口、鼻，以免吸入大量的浓烟和有毒气体，注意匍匐撤离火场，朝与火势趋向相反的方向逃生。万一身上起火，可就地打滚压灭身上的火苗。如果身边有水，可用水浇或者跳入水中扑灭火苗。

一旦发生水灾，应立即向山坡、高地、楼顶等高处转移；如果已经被大水包围，可爬上高墙、大树等暂时避险。不可攀爬带电的电线杆、铁塔，不可触摸或接近电线，防止触电。也不要爬到泥坯房的屋顶。如果附近没有高地和楼房躲避，要尽可能利用船只、木板等可漂浮的物体，做水上转移。千万不要游泳逃生。一旦被洪水包围，无通信工具时，可制造烟雾、用镜子反光、挥动颜色鲜艳的衣物等，不断向外界发出求救信号。如果被卷入洪水中，一定要尽可能抓住固定的物体或木板、树干等能漂浮的东西，寻找机会逃生。

（二）应对崩塌、滑坡、泥石流

如果遇到崩塌、滑坡时，不要顺着滚石滚落的方向逃跑，要向山体两侧跑；如果来不及逃离危险地带，也可以躲在结实、牢固的障碍物旁，要特别注意保护好头部。如果遇到泥石流，要立刻向与泥石流垂直方向的两边山坡高处爬，千万不要顺着沟道向上游或者下游跑，也不要爬到泥石流可能直接冲击

到的山坡上；万一来不及跑，可抱住树木；应迅速离开泥石流沟两侧和低洼地带，撤离到安全地方；千万不能躲在车内，因为车辆很容易被破坏或掩埋。

 （三） 应对有毒有害气体、核泄漏

　　遇到有毒有害气体泄漏，不要顺着风向跑，而应该迅速用湿毛巾捂住口、鼻，绕到毒气的上风方向。如果地震造成所在屋内燃气泄漏，一定要关闭燃气总阀门，开窗通风，禁止使用明火或开启一切电器和灯具，谨防发生爆炸。

　　如果遇到核泄漏，要尽可能地缩短被照射时间，远离放射源。如果被暴露在辐射范围内，要关闭门窗；当污染空气过后，迅速打开门窗通风。立即换一套衣服和鞋子，把换下来的衣服和鞋子放在一个密封的塑料袋中，用香皂和凉水冲洗可能受到核辐射污染的皮肤。不要食用来自污染区的食品，可以食用海带、紫菜等含碘量高的食物。如果身体出现恶心、没有食欲、皮肤出现红斑或腹泻等症状，必须立即就医。

 ## （四）应对瘟疫、传染病

强烈地震过后，由于灾区的生态环境遭到破坏，导致水源、空气受到污染，生活条件差，加之人的机体抵抗力下降，很容易造成传染病的蔓延。所以要积极做好瘟疫、传染病的应对与预防工作。注意饮水安全，不吃死亡的畜禽、腐烂变质的食物，防止病从口入；加强防护，做好个人卫生，有病及时治疗，同时要搞好环境卫生。

（五）应对海啸

发生地震时，如果在海边，一定要意识到地震可能会引发海啸。由于从地震发生到海啸来到陆地会有一段时间，一定要利用这段时间迅速离开海边，立即前往高处躲避，通过手机、广播等媒体密切关注事件的进展。如果住在海边的房子里，当听到政府发布海啸警报后，应立即切断电源，关闭燃气。

如果不幸被卷入海中，要想办法抓住漂浮物，尽可能使头部浮出海面，不要挣扎，保持漂浮状态，保存体力，等待救援。尽可能向岸边移动。一般来说，漂浮物多的地方离海岸较近。不要喝海水。向其他落水者靠拢，可以抱在一起，减少身体的热量散失；也可以互相安慰，稳定情绪。海水退后，露出海底，不要因好奇奔向海边。在海啸警报信号解除之前，要一直停留在安全避险区内。

震后紧急疏散

大地震发生后，即使有些房屋没有倒塌，很可能也成了危房。震后疏散的目的是防止余震引起房屋倒塌造成的伤害。因此，要根据各自不同的情况，迅速疏散到安全的地方，由政府进行统一安置。

（一）疏散的基本要求

汶川特大地震房屋倒塌调查表明，由于我国建筑物质量的提升，房屋倒塌的时间比唐山大地震时长，由几秒、十几秒延长到几十秒，为震后疏散赢得了宝贵时间。我们应当根据"有序、安全、快速"的原则，迅速撤离。

（1）有序

大地震后情况很复杂，我们不论身在何处、有没有人现场指挥，疏散时都要沉着冷静，有序地撤离。惊慌失措地乱挤、乱拥是地震逃生的大忌。依先后顺次快步跟进，不拥挤、不推搡、不奔跑，看起来好像慢一点，但实际上要快得多；否则，单纯图快，往往会产生拥堵现象，欲速则不达，有可能还会酿成踩踏的大祸。

（2）安全

虽然地震产生的震动暂时停止了，但经受了剧烈晃动的建筑物内外仍有可能出现物体松动坠落，所以在撤离中仍要把书包、厚书本等物品顶在头上，或者用双手护住头部。要避开高耸的建筑物或变压器、电线杆、广告牌、立交桥、涵洞等，注意观察脚下的台阶，避免摔倒。

（3）迅速

这里所说的"迅速"，也可以说是"小步快跑"，这样既避免因狂奔碰撞或摔倒，造成拥挤或踩踏，影响撤离的效率，也符合我们平时快步走的习惯，是震后快速撤离的经验总结。除了行动快之外，还要求选择最短的路线离开建筑物。通常情况下，撤离建筑物后要顺着垂直墙体的方向往外跑，千万不能沿着建筑物外墙"抄近路"。

（二）疏散的注意事项

震后疏散是地震停止后的行动。能在地震中不受伤害，震时避险就成功了一半。但是，千万不要抱有侥幸心理，因为从建筑物出来，到相对安全的地方，在震后复杂的情况下，如果不注意保护自己，往往会造成二次伤害。

（1）避开室内悬挂物

如果从室内往室外疏散时，室内的吊顶、吊灯等装饰物，在地震后都有可能成为"隐形杀手"。因为这些物品在地震作用下岌岌可危，如有余震或稍有不慎碰着、撞着，一旦坠落砸中人的头部，往往是致命的。

日本地震专家曾有过统计，发生地震时被落下物砸死的人超过被压死的人。可见撤离时，最好的方法是将书包或其他物品顶在头上，避开如吊扇、吊灯等室内悬挂物，绕开东倒西歪的墙体和家具，小心地上的障碍物和危险的地方，从而避免伤害。

（2）避开室外的装饰物

现代城市的建筑装饰物越来越多，成为震后紧急疏散的极大障碍。国内外多次大地震表明，许多人在疏散过程中惊慌失措地乱跑，不注意避开高楼大厦上的坠落物造成伤亡。因为在地震作用下，建筑物的玻璃幕墙、外侧混凝土及墙体上的一些装饰物已经损坏，甚至摇摇欲坠，

遇到余震非常容易掉下来。在疏散过程中千万不要靠近这些危险的地方，即使要经过，也一定要用物品保护好头部。

（3）不可乘坐电梯

离开房间疏散时，不要乘电梯逃生，因为地震发生后，电梯一般会自动停止。如果在电梯里知道发生了地震，一定要迅速按下所有的楼层按钮，电梯一停立即离开，以免被困在电梯里或者万一电梯失控，造成伤亡。

要走安全楼梯。一般高层的楼房大都有安全楼梯供逃生之用。如果遭遇电力中断，又没有照明器材的情况下，要摸着楼梯靠墙的一侧下行，因为楼梯扶手的

一侧可能在地震中损坏，容易发生意外。

（三）疏散的场地

　　大地震发生后，原来美丽的家园可能被毁，生活设施被破坏，到处是残墙断壁、满目疮痍，处处都有危险。这时候不论身在何处，必须按照"就近、迅达、安全"的原则，尽快疏散到附近的安全场地，等待政府有关部门的安置。

（1）城镇应就近到空旷地带

　　在城镇，建筑物密集，人口密度大，应急疏散千万不要舍近求远，应就近疏散到广场、公园、绿地、体育馆等场所，或撤离到离自己最近的避难场所。到达安全的地方后，要将随身的物品顶在头上，没有物品时用双手护住头部，以防余震或

更大的地震发生，造成伤害。要就地坐下或者蹲下，平静一下自己紧张的心情，切不可盲目行动，回到没有倒塌的建筑物中取东西。要听从政府有关部门的统一安排，遵守社会道德和法纪，自觉维护社会秩序，以良好的精神状态渡过难关。

（2）农村应到公共场所

在农村，随着乡村振兴战略的实施和美丽乡村建设，乡村公共设施建设得到快速发展，一些乡村建立了文化广场、文化服务中心、绿地公园、健身活动场所等，这些地方不仅相对安全，而且便于政府有关部门为人们提供援助。在农村民居基本不抗震设防的情况下，破坏性地震发生后，要及时疏散到这些地方暂避一时，没有经过专家鉴定，切不可在房屋中居住。没有公共活动场所的乡村，也要紧急疏散到附近的空旷地带，以免遭到余震的伤害。

（3）山区应到开阔场地

在山区，若发生大地震，很容易引起山体崩塌、滑坡、泥石流等次生灾害。要注意避开山脚、陡崖、河沟两侧、低洼地带和悬崖峭壁，以防山崩、滚石、泥石流等情况发生。要迅速疏散到附近开阔的场地或相对安全的地方，暂避一时。

"一方有难，八方支援"，是中华民族的优良传统，也是战胜地震灾害的法宝。在各级政府的领导下，在社会各界的大力支援和帮助下，我们要发扬"自力更生、艰苦奋斗、勤俭节约"的精神，加快生活设施和生产设备的恢复，做好恢复重建规划的实施，把自己的家乡建设得更加美好。